Die Autorin

Grit Nusser, Sozialpädagogin, Heilpraktikerin und Tierheilpraktikerin, gründete 1983 in Gelsenkirchen ein Institut zur Ausbildung zum Tierheilpraktiker (FAT) und ist Gründungsmitglied eines Berufsverbandes für Tierheilpraktiker (DGT).
Während ihrer Aufenthalte in Xi'an, China, lernte die Autorin TuiNa-AnMo kennen und schätzen. Sie wendete diese Methode erfolgreich auch bei Hunden an.
2008/2009 entwickelte sie einen Fernstudiengang für Tierheilpraktiker bei Studienwelt Laudius GmbH.

Weitere Titel der Autorin:

- Ist alt werden gesund? Wie die Naturheilkunde bei Beschwerden des Alters helfen kann
- Kräuter für den Hund. Ratschläge einer Tierheilpraktikerin

Die Illustratorin

Elisabeth Schnitzer unterrichtete 41 Jahre an einer Volksschule in Kärnten. Neben der Unterrichtstätigkeit übernahm sie während der letzten 16 Jahre die Leitung dieser Schule.
Persönliche Schwerpunkte setzt sie beruflich sowie privat im kreativen Bereich. Sie lehrt den Umgang mit den verschiedenen Mal- und Zeichentechniken, unterrichtet Gitarre in Schulen, Kleingruppen und ist tätig in der Erwachsenenbildung. Ihre Arbeiten stellte Sie bereits in Österreich, Belgien und Deutschland aus.
Während ihrer Reisen nach China lernte sie die traditionelle chinesische Medizin kennen und schätzen. Da ihre besondere Liebe den Tieren gilt, war es naheliegend, dass sie ihr Interesse an TuiNa-AnMo mit dem Interesse an Hunden verbindet.

TuiNa - AnMo für den Hund

Wie chinesische Massage Ihrem Hund helfen kann

Mario, ich danke Dir für Deine Hilfe am Computer!
Ohne Dich hätte ich es nicht geschafft.

Danke, Harald, für Deine Geduld und Deine Hilfe.

Xie xie, Dr. Xiao Ying Shang, für die Unterstützung.

Bibliografische Information der Deutschen Nationalbibliothek
Die Deutsche Nationalbibliothek verzeichnet diese Publikation in der Deutschen Nationalbibliografie; detaillierte bibliografische Daten sind im Internet über http://dnb.d-nb.de abrufbar.

Grit Nusser
Heilpraktikerin & Tierheilpraktikerin

Zeichnungen: Elisabeth Schnitzer

Herstellung und Verlag: Books on Demand GmbH, Norderstedt

ISBN 9783839132302

Inhaltsverzeichnis

Vorwort

Massage für den Hund? Ist das sinnvoll? Ja!

Sie ist nicht nur entspannend, sondern das Streichen und Kneten mit der Hand ist ein wirkungsvolles und vielseitiges Heilverfahren, das bei vielen Krankheiten erfolgreich zusätzlich angewendet wird oder werden sollte.

So wirkt die Massage einerseits mechanisch durch die Förderung der Blut- und Säfteströmung, andererseits reflektorisch durch Beruhigung oder Erregung der Nervenendigungen.

Wie wirkt Massage?

1. Das Berühren der Haut löst seelische und körperliche Vorgänge aus. Schon das bloße Auflegen der Hand oder leichtes Darüberstreichen kann Schmerzen lindern. Man muss dafür nicht „magnetische“ oder „heilende“ Hände haben. Wichtig sind Vertrauen, Einfühlungsvermögen und eine ruhige, entspannte Atmosphäre.

2. Durch die Massage wird die Haut stärker durchblutet, der Stoffwechsel angeregt und die Hautspannung verbessert sich.

3. Da jeder Punkt auf der Haut über Nerven mit einem Rückenmarksabschnitt verbunden ist, der gleichzeitig

mit einem inneren Organ in Verbindung steht, wird durch die Massage auch dieses Organ beeinflusst. Diese reflektorische Wirkung wurde von Head 1889 entdeckt und bildet die Grundlage der Reflexzonen-Therapie über die sogenannten Head'schen Zonen. So können über entsprechende Segmente oder Dermatome (Muskel- oder Hautbereiche, die von Nerven aus einem bestimmten Rückenmarksbereich versorgt werden) z.B. der Stoffwechsel in den Eingeweiden oder die Ausscheidung angeregt werden.

Die in der traditionellen chinesischen Medizin seit über 5000 Jahren bekannten Meridiane und Akupunkturpunkte, die sich auf der Körperoberfläche befinden, haben ebenfalls sehr genau definierte Beziehungen zu bestimmten Lebensvorgängen und Organen. Auch hier kann durch eine bestimmte Massage der gesamte Körper beeinflusst werden.

4. Je nach Art der Massage wird der Muskel entspannt und gelockert oder Muskelleistung und Ausdauer gesteigert und Ermüdung vermindert. Alle Muskeln des Körpers werden gekräftigt, auch die des Herzens und der Eingeweide. Bei chronisch erkrankten Gelenken kann eine Massage durch die verstärkte Durchblutung und den dadurch angeregten Stoffwechsel im und um das Gelenk herum hilfreich sein.

Einleitung

Zwischen der westlichen klassischen Medizin und der Traditionellen Chinesischen Medizin (TCM) gibt es unterschiedliche Betrachtungsweisen. Die westliche, naturwissenschaftlich begründete Medizin bezieht sich auf den Körper und seine Funktionen. Krankheit ist also eine Störung in diesen Funktionen, die korrigiert werden muss.

Die TCM ist eine ganzheitliche Medizin, die nicht nur die körperlichen Funktionen sieht, sondern darüber hinaus das Individuum in Zusammenhang mit dem Universum. Grundlage ist die Vorstellung, dass Mikrokosmos und Makrokosmos eins sind und dass alles bestimmten logischen Regeln unterliegt: **„wie im Großen, so im Kleinen".** So gelten diese Regeln nicht nur für den gesamten Kosmos, sondern auch für Mensch und Tier bis in die winzigen Zellen. Dieses ganzheitliche Denken beeinflusst auch die Vorstellung über Krankheiten und ihre Ursachen.

TCM ist eine energetische Medizin. Das heißt, Gesundheit ist ein Zustand des energetischen Gleichgewichts und somit der vollkommenen Harmonie.

Der Begriff **TAO** steht in der chinesischen Philosophie für das von uns Menschen nicht greif- und begreifbare, unendlich tiefe Geheimnis des Universums, für das kosmische Gesetz, für die Quelle allen Seins. Es bedeutet im ursprünglichen Sinn „Weg", aber auch „Methode", „Prinzip" oder „der rechte Weg". Durch die

Beobachtung der Natur, des Himmels und der Erde wurden Gesetzmäßigkeiten erkannt, die in der Medizin, aber auch in der Vorhersage und in der Kampfkunst angewendet wurden. Das Tao wird durch einen leeren Kreis symbolisiert, der für den Beginn allen Seins steht.

YIN und **YANG** durchdringen als Ausdruck des TAO alles Leben. Sie sind gegensätzliche, also polare Kräfte, die sich ergänzen, nicht ohne das andere sein können und sich rhythmisch abwechseln.

So wird Yang gleichgesetzt mit dem Feuer, der Sonnenseite eines Berges, dem männlichen Prinzip, Yin hingegen mit dem Wasser, der Schattenseite des Berges, dem weiblichen Prinzip. Man könnte diese Kräfte in der westlichen Medizin mit dem Sympathikus und Parasympathikus vergleichen, den Gegenspielern im vegetativen Nervensystem.

Gesundheit bedeutet, dass sich Yin und Yang im Gleichgewicht befinden. In der **MONADE** sehen wir diese Gegensätze der Natur dargestellt. So finden wir idealerweise in jedem Yin etwas Yang, in jedem Yang etwas Yin. Ein Ungleichgewicht dieser Kräfte führt zu Krankheit.

Diese Zeichnung soll Ihnen das Wechselspiel zwischen Yin und Yang anschaulich machen:

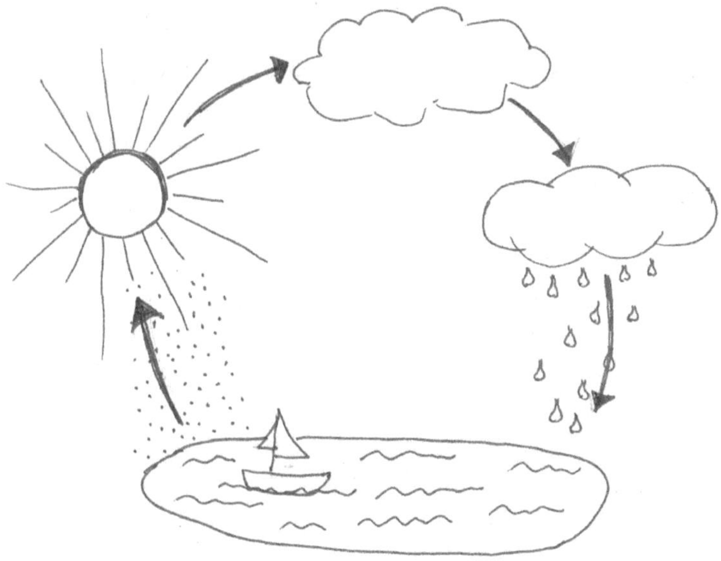

Wasser (Yin) verdampft → steigt nach oben (Yang) → und wird wiederum zu Wasser (Yin)

Yin und Yang schaffen ein energetisches Gleichgewicht und wirken im Menschen und im Tier. Um die Harmonie zwischen diesen beiden Kräften aufrecht zu erhalten, zirkuliert die Energie ständig durch den Körper. Wird an irgendeiner Stelle dieser Energiefluss unterbrochen, so wird das energetische Gleichgewicht gestört, es entsteht Krankheit.

Das **QI** (ausgesprochen: „tschi“) ist die Vitalität, die das Leben bestimmende Kraft und Energie. Qi ist im Erbgut vorgegeben und bereits bei der Geburt vorhanden, wird aber durch Atmung und Nahrung, sowie durch alle Sinneserlebnisse (sehen, hören, riechen, berühren und denken) immer wieder neu hinzugewonnen. Die TCM kennt **irdische Energien** wie Holz, Feuer, Metall, Wasser, Erde (die „fünf Elemente“) und **kosmische Energien** wie Wind, Hitze, Feuchtigkeit, Trockenheit und Kälte.

Wichtig ist die Vorstellung, dass das Qi alle Funktionen und Reaktionen des Körpers beeinflusst. Durch verschiedene Aktivitäten, durch Krankheiten und Verletzungen wird Qi verbraucht. Mit zunehmendem Alter verkleinert sich das Qi, also die Lebenskraft, bis es beim Tod verlöscht.

So finden wir in der TCM die Vorstellung, dass diese Energie entlang der Gefäße oder in bestimmten Leitbahnen, den **Meridianen,** fließt und so Durchblutung, Kreislauftätigkeit und Lymphzirkulation reguliert. Jeder Meridian wird einem Organ bzw. Organsystem zugeordnet.

Normalerweise fließt das Qi in den Meridianen ungestört. Jede Blockade im Energiefluss führt zu Disharmonien und letzten Endes zu Krankheiten.

Bei einer Blockade staut sich das Qi an der belasteten Stelle, es kommt dort zu einer **Qi-Fülle**, während in den nachfolgenden Energiebahnen ein **Qi-Mangel** entsteht.

Yang- und Yin-Entsprechungen (nach Heribert Schmidt)

Yang	Yin
allgemein	
männlich	weiblich
gebend	empfangend
Geist	Körper
Sonne	Mond
Tag	Nacht
Sommer	Winter
Himmel	Erde
Energie	Materie
Gas	feste Masse
Hitze	Kälte
warme Farben	kalte Farben
rot, orange, gelb	grün, blau, schwarz
Bewegung	Ruhe
Fülle (im Sinne energetischer Fülle)	Leere (im Sinne energetischer Leere)
Körperregionen	
Körperoberfläche, außen	Körperinneres, Tiefe
Haut	Knochen, Körperhöhlen
Sympathikus	Parasympathikus
oberflächliche,	tiefe Muskelschichten
vordere und linke,	hintere und rechte Hälfte
Rücken, Wirbelsäule	Brust, Bauch
Hohlorgane wie Dünndarm,Dickdarm, Gallenblase, Harnblase, Magen, Dreifach-Erwärmer	Speicherorgane wie Milz, Bauchspeicheldrüse, Lunge, Herz, Leber, Nieren, Kreislauf-Sexus
Eigenschaften	
hastig	zögernd
extrovertiert	introvertiert
aktiv	passiv
heiter	traurig

Was bedeutet in der TCM „Krankheit“?

Ist das energetische Gleichgewicht zwischen Yin und Yang im Körper gestört, entsteht „Krankheit“.

Verändert sich das **energetische Gleichgewicht,** z.B. zwischen rechter und linker, oberer und unterer Körperhälfte, Innen- und Außenseite des Körpers oder zwischen Yin- und Yangorganen, so finden wir in der Region mit erhöhtem Energiezustand eine vermehrte Aktivität und eine stärkere Gewebs- und Muskelspannung, während im Bereich der verminderten Energie die Leistung sinkt.

Sie finden in der Tabelle der Entsprechungen, welchen **Organen** oder **Körperregionen** Yin oder Yang zugeordnet wird.

Symptome bei Qi-Leere	**Qi-Fülle**
Kältesymptome	Hitzesymptome
frieren	schwitzen, hecheln
Blässe	Rötung
Blutarmut	Vollblütigkeit
schlaffe Muskulatur	Verspannung
Unterfunktion	Überfunktion
dumpfe Schmerzen	akute, spitze Schmerzen
depressiv	übererregt
mangelnde Aktivität	überaktiv
langsam	schnell
chronische Krankheiten	entzündliche Krankheiten

Verändert sich der **Qi-Fluss,** führt eine **Qi-Fülle** zu einer Verengung der Gefäße und dadurch zu einem Blutmangel. Eine **Qi-Leere** erweitert die Gefäße und bewirkt eine venöse Stauung oder ein Ödem.

Kommt es zu einem **Ungleichgewicht im Yin und Yang,** ist das geordnete Zusammenspiel der Kräfte gestört. In der westlichen Medizin könnte man dies mit Sympathikotonie oder Vagotonie bezeichnen.

Yin und Yang selbst sind nichts Krankhaftes, sondern dienen der Unterscheidung von gegensätzlichen Eigenschaften (hell – dunkel...), Verhaltensweisen (laut – leise...) oder Lokalisationen (oben – unten...), während **Fülle – Leere** einen gestörten Zustand (Zuviel oder Zuwenig) beschreiben.

Bei einem **Yang-Mangel (Erschöpfung)** ist zu wenig Kraft vorhanden. Typisch ist dabei die Abneigung gegen alles was kalt ist, wie kaltes Wasser, kalte Räume, kaltes Futter usw. Wir finden starke Müdigkeit, Appetitlosigkeit, Schlaflosigkeit, ständiges Frieren, eine erschlaffte Muskulatur, eine verminderte Durchblutung und kalte und erschlaffte Haut. Die Schmerzen sind dumpf und in der Tiefe. Dabei handelt es sich hauptsächlich um degenerative und chronische Erkrankungen. Wärme, Druck und Bewegung bessern die Symptome.

Eine **Yang-Fülle (Hyperaktivität)** finden wir bei Hunden, die ständig aufgeregt und überaktiv sind, ruhelos hin- und herlaufen, starken Durst haben, oft grundlos kläffen. Die Muskeln sind gespannt; wir finden eine Überfunktion in der körperlichen Tätigkeit. Es zeigen sich dabei außerdem die klassischen Entzündungssymptome an Haut und Hohlorganen: Rötung, Schwellung, Hitze und akuter Schmerz. Gelenke und Muskeln schmerzen.

Ein **Yin-Mangel (körperliche Erschöpfung)** zeigt Abmagerung, Störungen im Haarwuchs oder verzögerten Haarwechsel, Unruhe und Nervosität, das Gewebe ist allgemein schlaff, die hintere Körperhälfte kalt. Druck und Massage werden als sehr angenehm empfunden.

Bei einer **Yin-Fülle (Schwäche)** besteht ein großes Wärmebedürfnis, die Hunde frieren von innen heraus. Es kommt zu Schwellungen, einer Erweiterung der Gefäße und vermehrtem Schleimauswurf.

Lassen Sie mich am Beispiel **„Schmerzen im Gelenk"** die Unterschiede zwischen einer Yin- und Yang-Krankheit und die therapeutischen Überlegungen dazu verdeutlichen.

Yin-Krankheit: Stellen Sich sich Ihren alten Hund vor, der gerne im Warmen liegt, sich nach dem Aufstehen erst „warm laufen“ muss und eine Massage mit oder ohne wärmendes Fluid liebt.

Yang-Krankheit: Ein entzündetes Gelenk, sei es durch eine Arthritis oder eine Verletzung, ist rot, heiß und geschwollen. Das Gelenk wird nicht belastet, es wird ruhig gehalten, jedes Anfassen verursacht Schmerzen; kalte Umschläge oder Kältesprays lindern die Symptome.

	Arthritis Yang	**Arthrose Yin**
Verlauf:	akut	degenerativ
Haut:	heiß, rot	kühl, blass
Gelenk:	berührungsempfindlich	steif
Schmerz:	akut, spitz	chronisch, dumpf
Schwellung:	elastisch	teigig
Wärme:	verschlechtert	bessert
Kälte:	bessert	verschlechtert
Bewegung:	verschlechtert	bessert
Ruhe:	bessert	verschlechtert
Druck:	verschlechtert	bessert
Entlastung:	bessert	verschlechtert.

Für die Therapie gilt also: Yin-Krankheiten werden mit **Yang** (Wärme, Massage, Rotlicht, Bewegung...), **Yang-Krankheiten** mit **Yin** (Kälte, Ruhe...) behandelt.

Welche Krankheitsursachen kennt die TCM?

Mensch und Tier sind Teil des Kosmos und damit auch abhängig von dessen Einfluss. Ist der Mikrokosmos (Körper) im energetischen Gleichgewicht, kann er den schlechten Einfluss durch den Makrokosmos (Umwelt) abwehren. Wird ein Organ geschwächt, so ist das Energiegleichgewicht gestört und es kommt zu einer Abwehrschwäche gegen kosmopathogene Energien. **Gesundheit ist also energetisches Gleichgewicht.**

Bei den Krankheitsursachen unterscheiden wir:

- **innere Krankheitsursachen:** psychische Faktoren wie Angst, Furcht, Freude, Wut, Ärger, Trauer und Sorgen
- **äußere Krankheitsursachen:** klimatische oder kosmopathogene Faktoren wie Wind, Hitze, Nässe, Trockenheit und Kälte
- **verschiedene Faktoren,** die zu Krankheiten führen können: nicht artgerechte Ernährung, ein Zuviel oder Zuwenig an körperlicher Belastung, schwere Verletzungen...
  Mikroorganismen (Parasiten, Viren, Bakterien) können Krankheiten verursachen, wenn nicht genügend Energie vorhanden ist, um die Eindringlinge abzuwehren.

Die Meridiane und ihre Hauptfunktionen

Nach Ansicht der TCM bringt jeder Mensch, jedes Tier bei der Geburt ein gewisses Qi, also ein Energiepotential mit: die ererbte Energie. Im Laufe des Lebens kommen noch verschiedene Energieformen hinzu: die Nahrungsenergie, die Atmungsenergie, die kosmische Energie, vor allem mit der Sonne. Es ist unerheblich, aus welchen Quellen die Energie stammt, die in den Meridianen fließt, sie muss immer eine gewisse Stärke haben. So bewirkt eine Störung im Energiehaushalt immer eine Schwächung des Körpers und letzten Endes Krankheit.

Das Qi (Energie) kreist in ganz bestimmten Bahnen, die als Meridiane bezeichnet werden, im Körper. Diese verlaufen auf beiden Körperseiten, die Energie fließt in eine feststehende Richtung (von Punkt 1 bis zum höchsten Punkt des Meridians). Auf diesen Meridianen liegen die Akupunkturpunkte. Sie bilden mit den unterschiedlichen Meridianen ein Meridiannetz.

Das Qi versorgt innerhalb von 24 Stunden in einer bestimmten Reihenfolge die einzelnen Organe jeweils für zwei Stunden **(Maximalzeit)** mit ausreichender Energie. Treten in dieser Zeit verstärkt Beschwerden auf, deuten diese auf eine energetische Störung innerhalb des entsprechenden Organsystems hin. Das kann uns helfen, noch nicht erklärbare Symptome zu verstehen. Verschlimmert sich ein Symptom immer zu einer bestimmten Tageszeit, so kann daraus geschlossen werden, dass der energetische Zustand im entsprechenden Organ verändert ist, auch ohne dass andere diagnostische Hinweise vorhanden sind. Eine Akupunktur- oder TuiNa-AnMo-Behandlung ist während dieser Zeit besonders wirksam, ebenso die Gabe eines passenden homöopathischen Mittels. Während der **Minimalzeit** eines Organs (12 Stunden später) erhält es am wenigsten Energie.

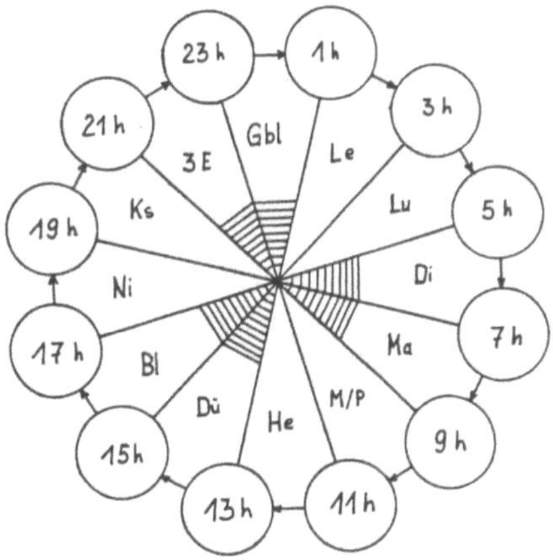

In den Meridianen zirkulieren Blut und Energie, über diese Bahnen können aber auch schädliche Energien in den Körper eindringen.

Über die Meridiane werden die inneren Organe mit der Körperaußenseite, von oben nach unten, von links nach rechts, von vorne nach hinten verbunden. So leitet dieses Meridiannetz nicht nur schädliche Energie von außen nach innen (z.B. bei Kälte = Husten...), sondern es können bei krankhaften Veränderungen eines inneren Organs außen am entsprechenden

Meridian Symptome auftreten (z.B. bei Lebererkrankungen = Schmerzen in den Rippen, bei Lungen- oder Dickdarmerkrankungen = Hautauffälligkeiten,..).

So können über Meridiane nicht nur entsprechende lokale Störungen in ihrem Verlauf behandelt werden wie z.B. Schmerzen, sondern es wird auch Einfluss genommen auf die zugehörigen Organe und Gewebe.

Es gibt 14 Haupt-Meridiane:

- **12 paarige Hauptmeridiane,** die spiegelbildlich in der linken und rechten Körperhälfte die inneren Organe mit Energie versorgen. Dabei unterscheiden wir zwischen sechs **Yang-Meridianen** und sechs **Yin-Meridianen.**

- **2 unpaarige Meridiane,** die nicht mit einem Organ- oder Funktionskreis verbunden sind. Dazu gehören das **Lenkergefäß,** das in der Mittellinie des Rückens, und das **Konzeptionsgefäß,** das in der Mittellinie der Bauchseite verläuft.

Die **Yang-Meridiane** sind nach den Hohlorganen benannt, die sie mit Energie versorgen. Sie verwandeln die zugeführten Stoffe in Energie. Yang-Meridiane verlaufen an der „von der Sonne beschienenen Körperseite“, also am Rücken und an den Außenseiten der Gliedmaßen.

Die **kurzen Yang-Meridiane** (Dickdarm-, Dünndarm- und Dreifach-Erwärmer-Meridian) beginnen an den Zehen der Vordergliedmaßen und enden im Gesicht, die **langen Yang-Meridiane** (Blase-, Gallenblase, Magen-Meridian) beginnen im Gesicht und enden an den Zehen der Hintergliedmaßen.

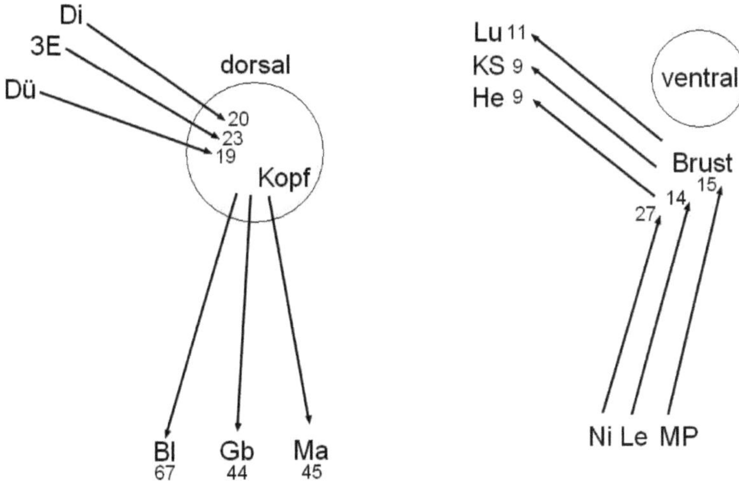

Die **Yin-Meridiane** speichern die Energie und haben ihren Namen von den Speicher- oder Arbeitsorganen. Sie verlaufen auf der „Schattenseite des Körpers“, also am Bauch und den Innenseiten der Gliedmaßen.
Die **langen Yin-Meridiane** (Niere-, Leber-, Milz-Pankreas-Meridian) beginnen an den Zehen der Hintergliedmaßen und enden am Thorax, die **kurzen Yin-Meridiane** (Lungen-, Kreislauf-, Herz-Meridian) beginnen am Thorax und enden an den Zehen der Vordergliedmaßen.

Yang-Meridiane

Bei den Zeichnungen sind die nicht sichtbaren Linien punktiert dargestellt.

Dickdarm-Meridian (Di)

Funktion: Erhaltung des Gleichgewichts der Körpersäfte, Transport der „Abfallstoffe", Energieversorgung von Dickdarm, Mastdarm, After, Nase, Schleimhaut, Schleimdrüsen und Schleim, Thymusdrüse und dadurch des Immunsystems. Er versorgt Schulter, Hals und Nacken. Mit dem Lungen-Meridian beeinflusst er energetisch auch Haut und Haare. Kummer und Traurigkeit sowie Anpassungsschwächen werden ihm zugeordnet.

Störung: Schmerzen entlang des Meridians, Muskel- und Gelenkschmerzen, Bewegungseinschränkungen an der Schulter oder der vorderen Extremität, Hauterkrankungen, Verdauungsstörungen, Zahnschmerzen, Schnupfen, Nasenbluten.

Wichtige Punkte:

Di 4 = wichtiger Schmerzpunkt, besonders für Schmerzen im Kopfbereich; immunstimulierend, fiebersenkend

Di 11= immunstimulierend, fiebersenkend

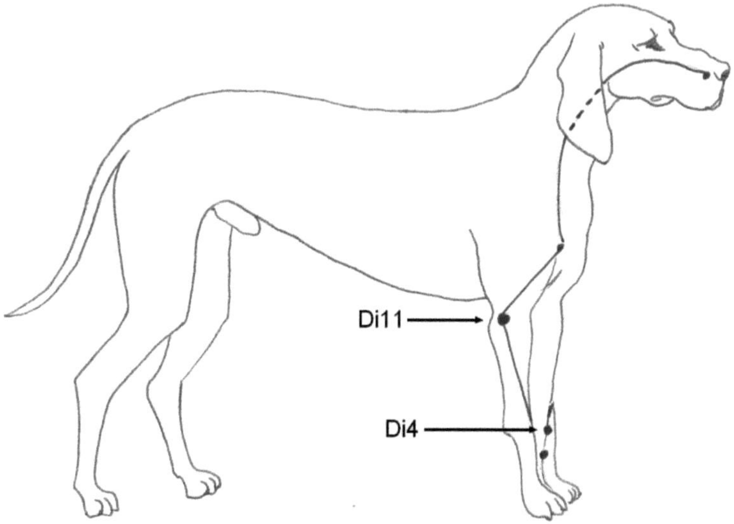
Di11
Di4

Magen-Meridian (Ma)

Funktion: Aufnahme und Verarbeitung der Nahrung. Er versorgt Mund, Lippen, Zunge und Zähne, Magen und Speiseröhre mit Energie, ebenso Speicheldrüsen und Drüsen der Magenschleimhaut, Speichel und Magensäfte, den Geschmack, die Bauchseite des Körpers. Mit dem Milz-Pankreas-Meridian versorgt er Binde- und Fettgewebe und ist verantwortlich bei Ermüdungs- und Schwächezuständen. Ihm zugeordnet ist das Selbstbewusstsein.

Störung: Schmerzen im Verlauf des Meridians, Verdauungsstörungen, Magen-Darmsymptome, allgemeine Schwäche, Bewegungsstörungen der hinteren Gliedmaßen; fieberhafte Erkrankungen.

Wichtige Punkte:

Ma 19 = bei Magenbeschwerden, wenn das Herz mitbeteiligt ist

Ma 36= bei Störungen aller Bauchorgane, bei Übelkeit und Durchfall

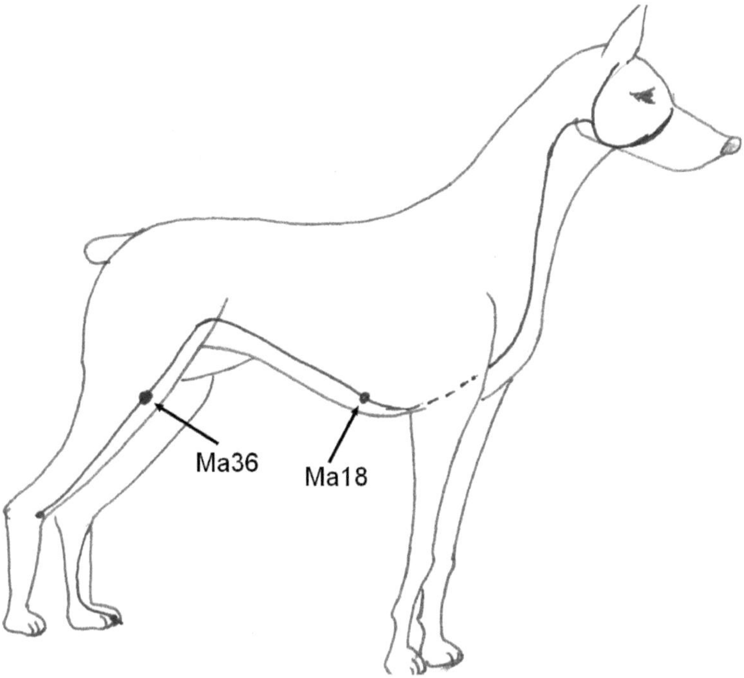
Ma36
Ma18

Dünndarm-Meridian (Dü)

Der genaue Verlauf ist in der Veterinärmedizin noch nicht geklärt.
Funktion: er hat Einfluss auf die Schleimhäute, versorgt Dünndarm, Eingeweide, Kiefer, Gaumen, Kehlkopf und Stimmbänder, Verdauungsdrüsen und ihre Säfte, ist wichtig bei Koliken.

Störungen: Schulter-, Ellbogen- und Gelenkschmerzen, rheumatische und arthrotische Beschwerden, Ohrenerkrankungen.

Blasen-Meridian (Bl)

Funktion: er ist ein sehr wichtiger Meridian, beeinflusst die Ausscheidungen, speichert die Körpersäfte, versorgt die Rückenmuskulatur und die Beugemuskulatur der hinteren Extremitäten, Blase und Harnwege, Prostata, Nervensystem und Reflexe, die dorsale Körperseite (Yang-Seite), Tränen und Tränendrüsen. Er ist im Rücken zweigeteilt und verläuft neben der Wirbelsäule. Der äußere Ast versorgt die Muskulatur mit Energie, während der innere Ast die Nervenaustrittspunkte versorgt und über die „Zustimmungspunkte" einen starken Bezug zu den inneren Organen hat.

Zustimmungs- oder in der TCM **Shu-Punkte** stellen die kürzeste Verbindung zwischen Haut und inneren Organen dar. Sie liegen neben den Dornfortsätzen der Wirbel etwa auf gleicher Höhe mit den Ganglien des Grenzstrangs.
Der Grenzstrang stellt eine Grenze dar zwischen Zentral- und peripherem Nervensystem. Je ein sensibler und ein motorischer Nerv treten aus der Wirbelsäule aus und werden über das Ganglion in mehrere Äste unterteilt, die die einzelnen Gewebearten versorgen (Myotom = Muskelareal, Dermatom = Hautareal, innere Organe). So können Wirbelfehlstellungen und Blockierungen die Shu-Punkte mechanisch reizen und die zugehörigen Organe irritieren. Jedes innere Organ hat einen Shu-Punkt am Blasen-Meridian.

Shu-Punkte

Lunge	Bl 13	Niere	Bl 23
Dickdarm	Bl 25	Kreislauf	Bl 14
Magen	Bl 21	3 Erwärmer	Bl 22
Milz-Pankreas	Bl 20	Gallenblase	Bl 19
Herz	Bl 15	Leber	Bl 18
Dünndarm	Bl 27	Lenkergefäß	Bl 16
Blase	Bl 28	Konzeptionsgefäß	Bl 24

Bei einer energetischen Störung oder einer Erkrankung ist der zugehörige Shu-Punkt druckempfindlich und wird in der TCM auch diagnostisch verwendet. Über eine Massage der Wirbelsäule können also auch innere Organe energetisch beeinflusst werden.

Störungen: eine Yang-Leere schwächt alle Organe (Shu) und zeigt besonders folgende Symptome: Störungen beim Wasserlassen, Inkontinenz, Kraftlosigkeit, HWS-Syndrom, alle Wirbelsäulenerkrankungen, Kopfschmerz, Schwindel, Stoffwechselstörungen der Zelle, aber auch agressives, bösartiges Verhalten.

Wichtige Punkte:

Bl 10 = Dämpfung des Sympathikus, Anregung des Parasympathikus

Bl 11 = wichtigster Punkt zu Behandlung von Gelenk- und Knochenerkrankungen;

Bl 15 = sehr wirksam bei Bewegungsunruhe, gesteigerter Bewegungstätigkeit

Bl 17 = „Meister des Blutes“, Anämiepunkt, bei Blutungsneigung

Bl 23 = Sitz der Lebensenergie, stimuliert die Nebennieren

Bl 24 = „Atmungs – Punkt“

Bl 29 = bei Beschwerden von Hals-, Brust-, Lendenwirbelsäule (HWS, BWS, LWS)

Bl 38 = Revitalisierungspunkt, stärkt nach langer Krankheit,

Bl 40 = bei Beschwerden in der Kreuzgegend und der Urogenitalorgane

Bl 54 = Allergiepunkt

Bl 58 = bei Hinterhandschwäche

Bl 60 = schmerzlindernde Wirkung. Vorsicht bei Trächtigkeit

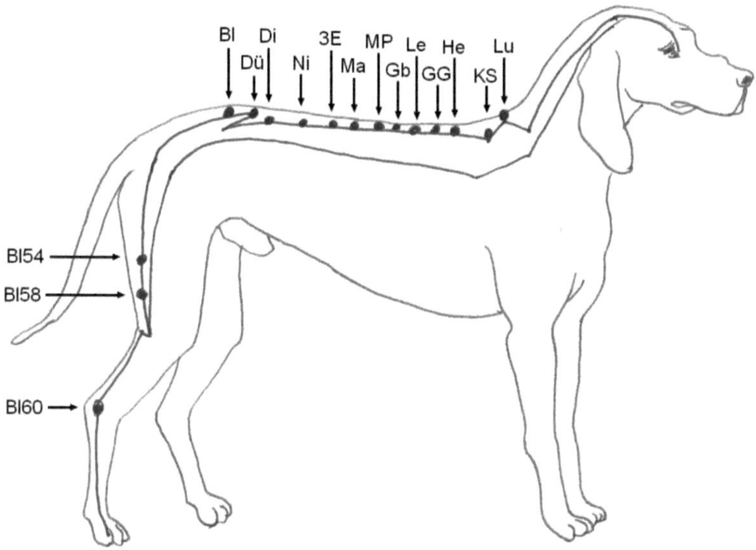

Bl
Dü
Di
Ni
3E
Ma
MP
Gb
Le
GG
He
KS
Lu
Bl54
Bl58
Bl60

Dreifach-Erwärmer-Meridian (3E)

Er hat keine direkte Organ-Verbindung, sondern ist Durchgangsstation für das Qi und die Flüssigkeiten im Bauchraum. Er steht in der TCM für die drei Körperhöhlen, der oberen oder Atmungshöhle, der mittleren oder Bauchhöhle und der unteren Höhle, in der die Sexualorgane angesiedelt sind.

Funktion: er koordiniert die Funktionen von Lunge, Verdauung und Sexualorganen und somit Stoffwechsel und hormonelle Regulation. Er versorgt Schilddrüse und Nebenschilddrüse mit Energie, ebenso Nacken und Hinterkopf, Ellbogen und Schultergelenk, Milz, Leber, Solarplexus und Zentralnervensystem. Er steuert die Tätigkeit der Atmungs-, Verdauungs- und Urogenitalorgane und das Gehör.

Störungen: Schmerzen und Erkrankungen im Meridianverlauf, Erkrankungen im Ohr- und Kopfbereich, Stoffwechselstörungen, Appetitlosigkeit, Fettsucht, Magersucht, Anämie, Muskelschwund, rheumatische Erkrankungen, endokrine Störungen, Kältegefühl, schlechte Laune und Verzweiflung.

Wichtige Punkte:

3E 8 = bei allergischen Reaktionen

3E 23 = bei allen Augenproblemen

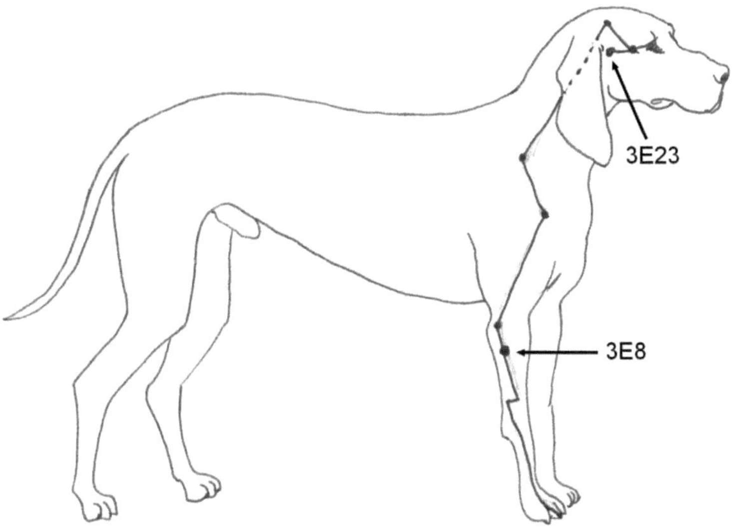
3E23
3E8

Gallenblasen-Meridian (Gb)

Funktion: er hat eine starke entkrampfende Wirkung, versorgt Gallenblase, Gallengänge und Galle, Gehirn, Gehirnzentren, Rückenmark und Liquor mit Energie, löst Verspannungen im seitlichen Kopf- und Nackenbereich, versorgt Hüftgelenk und äußere Beinmuskulatur, bewirkt eine Leistungssteigerung im Muskelstoffwechsel, macht Sehnen und Bänder geschmeidig.

Störungen: Erkrankungen und Schmerzen im Meridianverlauf, Abmagerung, Kopfschmerzen, Schmerz und Brennen, Kolik in der rechten Bauchhälfte, Übelkeit, Blähsucht, Stoffwechselstörungen, Erkrankungen der Geschlechtsorgane, Paralysen, Hüfterkrankungen (HD), Augen- und Ohrenerkrankungen, launisches Verhalten.

Wichtige Punkte:

Gb 1 = alle entzündlichen Augenerkrankungen
Gb 2 = alle Ohrenprobleme
Gb 20 = HWS-Syndrom
Gb 29 = LWS-Syndrom
Gb 30 = Schmerzpunkt bei HWS, BWS, LWS, HD
Gb 39 = Steigerung der Abwehr

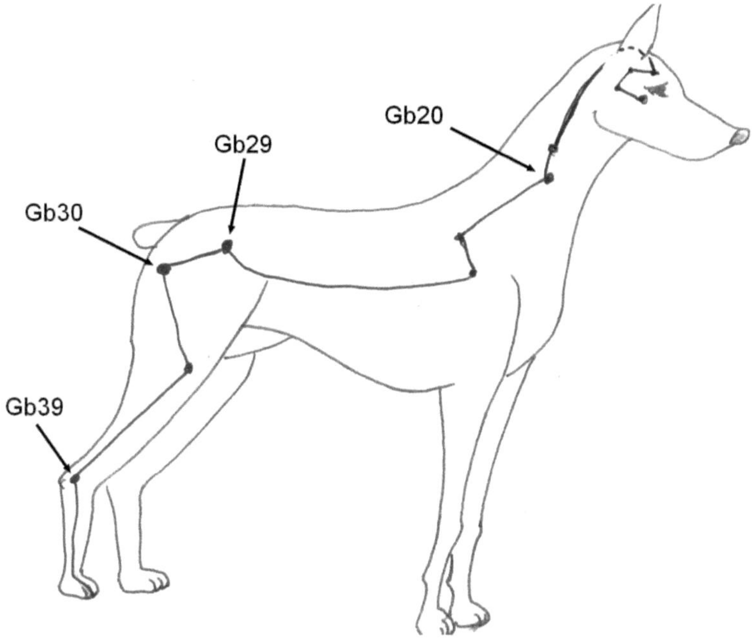
Gb20
Gb29
Gb30
Gb39

Yin-Meridiane

Lungen-Meridian (Lu)

Funktion: Atmung und Austausch mit der Umwelt. Er versorgt Atemwege, Lunge, Haut und Haare, Arme und Hände, Talgdrüsen, Geruch und Schleimproduktion mit Energie.

Störungen: Erkrankungen der Lungen und der Atemwege, Hauterkrankungen, Allergien, Juckreiz, Haarausfall, Schmerzen im Verlauf des Meridians, Lethargie, Rückenschmerzen.

Wichtige Punkte:
Lu 1 + 11 = bei Bronchialerkrankungen

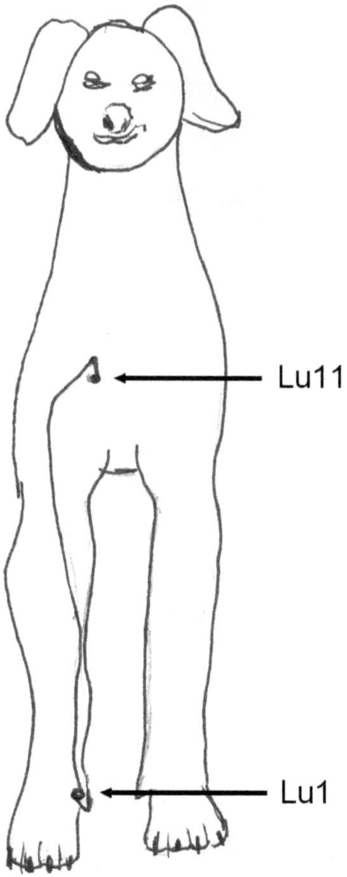
Lu11
Lu1

Milz-Pankreas-Meridian (MP)

Funktion: er hat die stärkste Yin-Kraft, ist verantwortlich für Transport und Umwandlung, hat Einfluss auf die Viskosität des Blutes, wird als Funktionseinheit Milz und Pankreas zusammengefasst. Er versorgt Milz und Pankreas, Keimdrüsen, Fett- und Bindegewebe, Lymphe und Lymphsystem (alle lymphatischen Organe wie Lymphbahnen, Lymphknoten, Mandeln, mit Ausnahme des Thymus) mit Energie und hat dadurch eine wichtige Funktion zur Abwehr von Krankheiten. Mit dem Magen-Meridian versorgt er die Kniescheibe.

Störungen: Schmerzen und Schwäche im Meridianverlauf, allgemeine Schwäche, Bindegewebsschwäche, Störungen im Magen-Darm-Trakt mit Blähungen, Völlegefühl, Schmerzen im Oberbauch und Urogenitaltrakt, hormonale Schwankungen, Alpträume.

Wichtige Punkte:
MP 4 = Durchfall

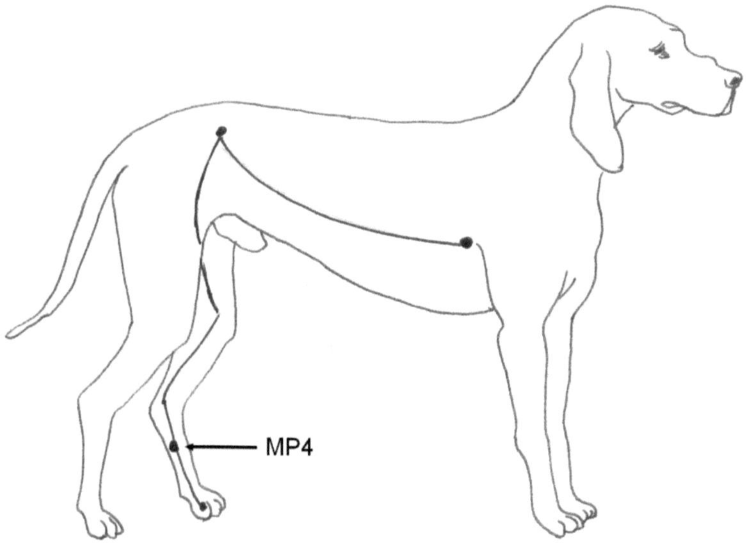
MP4

Herz-Meridian (He)

Funktion: er ist zuständig für Blut und Blutgefäße, reguliert die Funktionen des Kreislaufsystems, versorgt Herz, Perikard und Herzkranzgefäße, Brustkorb und Brustraum, die Vorderbeine, Schweiß, Schweißdrüsen und den Tastsinn mit Energie.

Störungen: Schmerzen entlang des Meridians, bei Ellbogen und Handgelenken, Tendovaginitis, Herzbeschwerden wie Herzangst, Beklemmung, Herzklopfen, Depression, Sprachstörungen.

Wichtiger Punkt:
He 3 = wichtigster Punkt zur Anregung des Kreislaufs und der Infektionsabwehr; Stärkung von alten Tieren

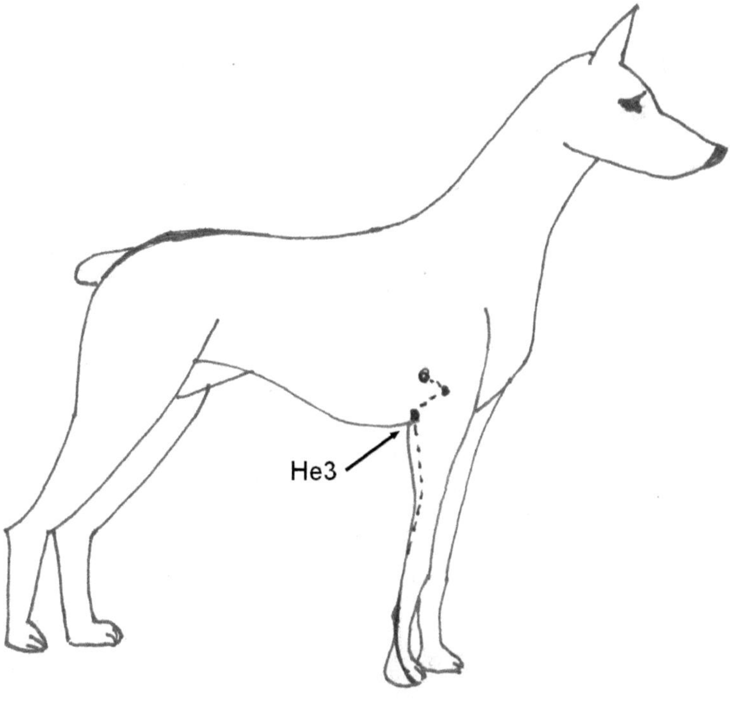
He3

Nieren-Meridian (Ni)

Funktion: er versorgt mit seiner Energie die Nieren, den Urin, Knochen und Gelenke, die Geschlechtsorgane, die Beininnenseite und deren Muskeln, die Bauchmuskulatur, die Nebennieren und das Gehör. Er hat Ausscheidungsfunktion, beeinflusst den gesamten Stoffwechsel und ist aufgrund des Einflusses der Nebenniere kreislaufregulierend. Ihm werden Furcht, Schreckhaftigkeit und Angst zugeordnet.

Störungen: Schmerzen und Erkrankungen entlang des Meridians, Nierenbeschwerden, Harnverhaltung, Stimulation des Urogenital-Traktes, Ödeme in Gesicht und Unterschenkel, entzündliche und degenerative Erkrankungen der Fuß- und Kniegelenke, Probleme bei Zeugung und Geburt (mit Blasen-Meridian). Ursache von Erkrankungen des Innenohrs sind häufig Störungen im Blasen- oder Nierenmeridian.

Wichtiger Punkt:
Ni 8 = vegetative Störungen von Atmung, Verdauung, Stoffwechsel, psychische Schwächezustände

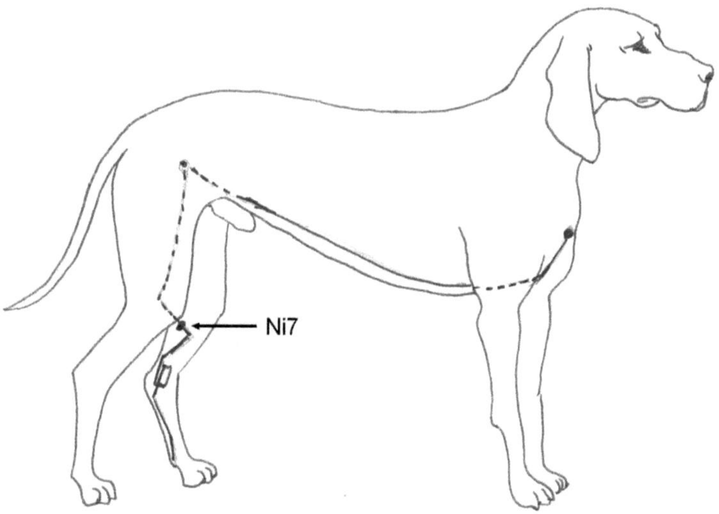
Ni7

Kreislauf-Sexualitäts-Meridian (KS) oder Perikard-Meridian

Funktion: er wirkt anregend auf die Sexualität, beeinflusst den Kreislauf, hat eine Schutzfunktion für Herz und Kreislauf, harmonisiert alle energetischen Abläufe im Körper. Brustmuskulatur, Beugesehnen im Bereich der Vorderbeine, Blut, Arterien und Venen, Kreislauf, Blutdruck, Herzmuskel und Perikard werden von diesem Meridian mit Energie versorgt.

Störungen: Schmerzen und Erkrankungen im Meridiangebiet, Kreislaufstörungen, sexuelle und seelische Frustration.

Wichtige Punkte:

KS 6 = Ausgleich von Yin und Yang, Fernpunkt für Oberbauch und vorderen Brustkorb, hilft bei Schlaf- und Rastlosigkeit

KS 7 = Schlaflosigkeit, Unruhe, Schock

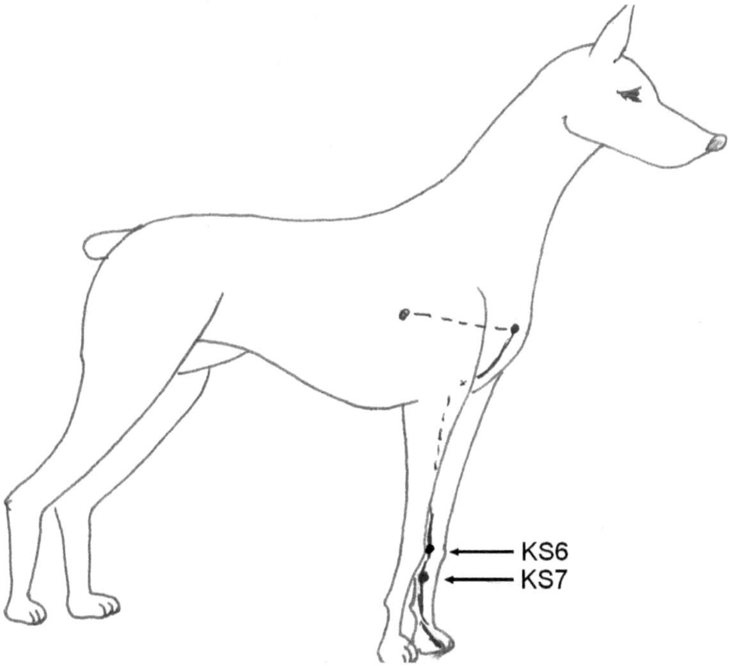
KS6
KS7

Leber-Meridian (Le)

Funktion: er ist zuständig für die Nahrungsverwertung, wirkt auf die Psyche. So sind ihm Depressionen, Aggressionen, Zorn und Ärger zugeordnet. Er steuert die Funktionen des Stoffwechsels, der Muskeln, der Verdauungsorgane, der Sexualität. Er versorgt die Leber, den Sehvorgang der Augen, Blut, Hüfte und Oberschenkel mit Energie und hilft bei Müdigkeit, dem „Schmerz" der Leber.

Störungen: Erkrankungen und Schmerzen im Meridianverlauf, Lebererkrankungen, Müdigkeit, Intoxikationen, Darmstörungen, Erbrechen, Depressionen, Erkrankungen der Geschlechtsorgane, Verhaltensstörungen.

Die unpaarigen Meridiane

Konzeptionsgefäß (KG)

Yin-Meridian: er kontrolliert die sechs Yin-Meridiane, gilt als deren Kraft-Reservoir („Mutter des Yin“) und hat einen Einfluss auf die Geschlechtsorgane. Seine Stimulierung dämpft die Energie im Lenkergefäß. Auf ihm liegen verschiedene Alarmpunkte.

Lenkergefäß oder Gouverneurgefäß (GG)

Yang-Meridian: er kontrolliert die sechs Yang-Meridiane („Vater des Yang“) und wirkt anregend auf Nervensystem und Psyche. Seine Stimulierung dämpft die Energie im Konzeptionsgefäß.

Die Akupunktur-Punkte

„Akupunkt“ bedeutet genau übersetzt: „kleine Öffnung des Qi“. Bei der Massage der Akupunkturpunkte werden der Qi-Fluss und die Funktion der inneren Organe reguliert. In der TCM haben die Punkte einen Namen, der auf die Funktion hinweist, während westliche Akupunkteure die Punkte nach ihrer Lage auf den Meridianen benennen.

Die Akupunkturpunkte sind also beim Menschen Punkte auf den Meridianen. Man geht davon aus, dass dies bei Tieren ebenso ist. Die Punkte sind topografisch genau festgelegt, empfindlicher als ihre Umgebung, steuern den Energiefluss im zugehörigen Meridian und beeinflussen andere Meridiane nach den entsprechenden Regeln.

Sie wirken analgetisch (schmerzlindernd), regulierend auf das vegetative Nervensystem, homöostatisch (normalisierend auf verschiedene Funktionen des Körpers), immunstimulierend, psychisch (sedierend, tonisierend), und immer auch unmittelbar auf die Umgebung ein.

Auf jedem Meridian liegen spezielle Punkte, die eine besondere Wirkung oder einen bestimmten Einfluss haben. Die wichtigsten sind **Tonisierungs**- und **Sedierungspunkte,** sowie Spezialpunkte wie **Quellpunkte**, **Durchgangspunkte, Alarmpunkte, Zustimmungspunkte.**

Die **Zustimmungs-** oder **Shu-Punkte** liegen auf dem Blasenmeridian (siehe dort), die **Alarm-** oder **Mu-Punkte** liegen nicht auf den zugehörigen Meridianen, sondern auf der Bauchseite über den entsprechenden Organen. Sie sind bei einer energetischen Störung des Organs druckschmerzhaft.

Bei der **Ohrakupunktur** sind alle Punkte im Ohr Mu-Punkte, da sie nur bei Störungen des zugehörigen Organs schmerzhaft und energetisch verändert sind. Nur dann kann man sie durch Tastung oder mit einem elektrischen oder Laser- Punktsuchgerät finden.

Die **AhShi-Punkte** sind lokale Schmerzpunkte, die unabhängig von den Meridianen sind. Sie entsprechen den Trigger-Punkten in der westlichen Medizin. Sie werden bei der Massage kräftig gedrückt, um eine Wirkung zu erreichen. Dies ist anfänglich sehr schmerzhaft und die Hunde versuchen, sich dagegen zu wehren.

Die Ohr-Akupunktur

Forscher gehen davon aus, dass es besondere Leitungsbahnen zwischen Ohr und Gehirn gibt. So glaubt man, dass die Behandlung von Krankheiten des Zentralnervensystems über das Ohr schneller wirkt als über die Körper-Akupunktur.

In der TCM sind die Ohrpunkte Orte der Konzentration und der Ableitung der reinen Energie der Organe und Eingeweide. Sie ergeben mit den Körperpunkten eine Einheit.

Die Energielehre des Yang und Yin wurde in der TCM nicht auf die Ohr-Akupunktur übertragen, sondern sie hat sich mit den empirisch (aus Erfahrung) gefundenen Punkten begnügt.

Das Interesse an der Ohr-Akupunktur in der Veterinärmedizin entwickelte sich erst ab 1975. Zwar gab es auch früher schon bestimmte Manipulationen am Tierohr. So wurde Schweinerotlauf in der Steiermark mit einem Schnitt am Ohrrand behandelt, oder in China wurden bei Schweinen ein rückwärtiger Punkt an der Ohrspitze gegen Kreislauflabilität infolge von Darmerkrankungen gestochen, aber Akupunktur im eigentlichen Sinne war das nicht. Es war eher eine **„Reflexzonen – Therapie**“.

Der Unterschied zwischen dem tierischen und menschlichen Ohr besteht besteht darin, dass beim

Tier das Ohr tütenartig eingerollt, die Helixrinne verbreitert und aufgeklappt und artgemäß das Ohr vergrößert ist. In der Ohrmuschel finden wir die Energiepunkte der Organe, am Ohr Punkte des Bewegungsapparates, der Augen, und verschiedene andere Punkte.
Wurde das Ohr kupiert, so kam es häufig zu energetischen Störungen, die zu Krankheiten und Schmerzen führen konnten.

Bei der Massage des Ohres reibt, knetet oder drückt man das gesamte Ohr.

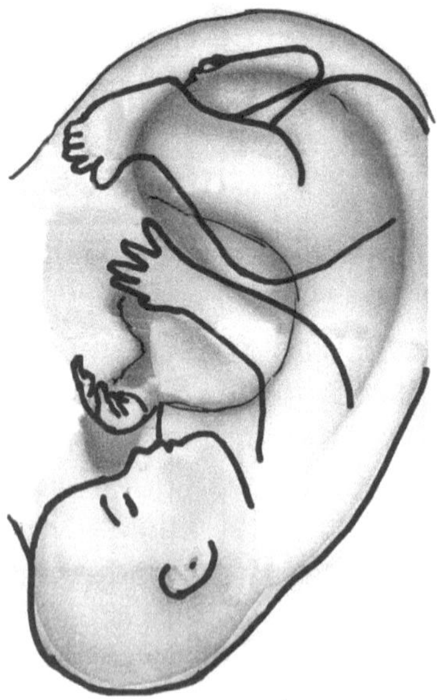

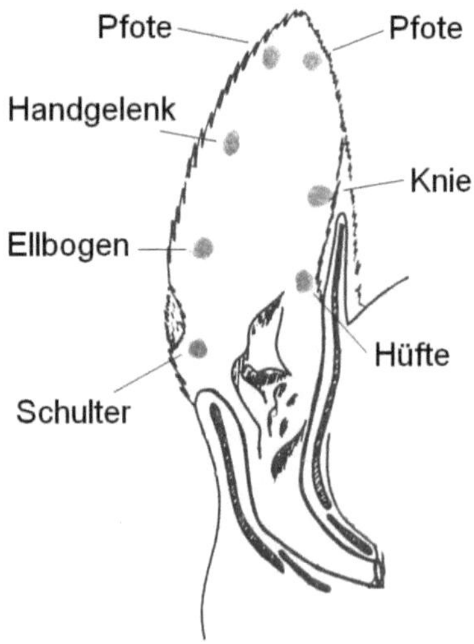

Hundeohr rechts

Die therapeutische Massage TuiNa-AnMo

Sie ist ein wichtiger Bestandteil der traditionellen chinesischen Medizin und wird wie die Akupunktur und Moxibustion (Wärmeeinwirkung auf Akupunkturpunkte) als **„äußere Therapie“ (waizhi)** bezeichnet, im Gegensatz zur **„inneren Therapie“ (naizhi),** bei der Arzneimitteln eingenommen werden.

So wurde die Basisbehandlung **An** (drücken) **Mo** (streichen) bereits 2700 v. Chr. erwähnt. Etwa 700 v. Chr. entwickelte sich daraus die therapeutische Form **Tui** (schieben) **Na** (greifen), etwa 540 v. Chr. wurde das erste TuiNa-Krankenhaus erbaut (Wei-Dynastie).

Es gibt dabei verschiedene Techniken mit der Hand. So werden bei dieser Form der Massage mit Fingern, Handballen, Handfläche, Faust verschiedene Energiepunkte (Akupunkturpunkte) gedrückt oder großflächig gerollt, geschoben, gerieben, beklopft, vibriert oder es werden aktive und passive Bewegungen durchgeführt.

Werden nur bestimmte Punkte stimuliert, so sprechen wir von **Akupressur.** Die Wirkung entspricht der der Akupunktur, allerdings wird dabei die Haut nicht verletzt. Werden entsprechende Punkte mit Wärme (Infrarot, Laser, Kegel aus Beifuß-Kraut,...) gereizt, bezeichnet man das als **Moxibustion.**

Ziel von TuiNa-Anmo ist die Wiederherstellung des Gleichgewichtes zwischen Yin und Yang, und somit die Auflösung von Energieblockaden. Die Durchblutung wird gefördert, Schmerzen und Muskelverspannungen vermindert, die Funktionen des Körpers reguliert und die Abwehrleistung gestärkt. TuiNa-AnMo hilft bei gestörten, nicht jedoch bei zerstörten Funktionen. Es ist nicht nur eine Behandlungsform bei Krankheiten, sondern dient auch der Gesunderhaltung und dem Wohlbefinden des Körpers.

Viele Störungen im Bewegungsapparat können nach genauer Diagnose ohne einen chirurgischen Eingriff behandelt werden. Gelenke werden beweglicher, die Muskulatur gedehnt und entspannt, Schmerzen gelindert, Verspannungen gelöst.

Es werden aber nicht nur orthopädische Krankheiten behandelt. Auch bei anderen Beschwerden kann TuiNa-AnMo sehr hilfreich sein.

TuiNa-AnMo ist kein Wundermittel, um jede Krankheit zu behandeln, es ist jedoch eine empfehlenswerte Methode um Krankheiten vorzubeugen.

TuiNa-AnMo

- steigert die körpereigenen Abwehrkräfte,
- hilft bei Verstopfung,
- löst den Schleim bei chronischer Bronchitis und die durch das Husten entstandenen Muskelverspannungen im Rücken,
- unterstützt die Ausscheidungsfunktionen,
- versorgt durch die Anregung des Blutkreislaufs den Körper mit ausreichend Sauerstoff und Nährstoffen,
- mobilisiert die Gelenke, beseitigt Schwellungen,
- lindert Schmerzen,
- harmonisiert den gesamten Organismus.

Wann darf TuiNa-AnMo nicht angewendet werden?

- Bei offenen Wunden und Störungen der Wundheilung,
- bei Abszessen, Phlegmonen und anderen entzündlichen Haut und Unterhaut-Erkrankungen,
- bei frischen Knochenbrüchen, Verrenkungen,
- bei Herzbeschwerden,
- bei Infektionskrankheiten und anderen schweren Erkrankungen,
- bei inneren Blutungen,
- bei Trächtigkeit nur bedingt anwendbar.

Achtung! Die Anwendung von TuiNa-AnMo ersetzt keinen Tierarzt oder Tierheilpraktiker, sondern kann vorbeugend, lindernd oder eine Therapie unterstützend erfolgen. TuiNa-AnMo erhöht das Wohlbefinden.

Die Behandlung

- Sorgen Sie für eine ruhige Umgebung. Der Hund wie auch Sie sollten entspannt sein.
- Überlegen Sie, warum Sie TuiNa-AnMo anwenden. Wollen Sie dem Hund etwas Gutes tun, so lassen Sie sich von Ihrer Intuition leiten.
- Wollen Sie jedoch bestimmte Beschwerden behandeln, sollten Sie sich Ihr Vorgehen vorher genau überlegen. Sitz und Art der Krankheit, Intensität, Stadium, Verletzungen oder Komplikationen sind entscheidend für Ihr Vorgehen.
- Die Anwendung von Kraft (kräftiger oder leichter Druck) während der Behandlung sollte angemessen sein, es dürfen keine gewaltsamen Bewegungen gemacht werden.
- Passen Sie die verschiedenen Griffe und die Stärke der Manipulation der Größe des Hundes an.
- Bei akuten Beschwerden und bei Schwellungen ist der Druck sanft, bei chronischen Beschwerden eher kräftig. Achten Sie jedoch auf die Reaktionen des Hundes.
- Beginnen Sie jede Massage, indem Sie mit den Fingern oder der ganzen Hand leicht über das zu massierende Areal streichen. Sie können dadurch Veränderungen wie Verspannungen, Wärme usw. erfühlen. Das dient der Beruhigung und der Entspannung. Außerdem gewöhnen Sie so den Hund an die Massage.

- Am Ende jeder Massage führen Sie eine Ohrmassage durch. Sie sollte etwa 15 bis 20 Sekunden dauern.
- Beenden Sie Ihre Massage mit Streichungen.

Die TuiNa-Behandlung hat drei verschiedene Phasen:

1. die Aktivierung der Energie in den Meridianen durch Streichen, Reiben oder Wischen
2. die verschiedenen Techniken und Lokalisationen, die abhängig von den jeweiligen Beschwerden sind,
3. die Beruhigung und Harmonisierung.

XIE = Sedieren

Ein Zuviel an Qi wird abgeleitet durch kurze, kräftige, schnelle Bewegungen im Uhrzeigersinn.

BU = Tonisieren

Um Energie zuzuführen werden die Bewegungen sanft, langsam und langdauernd gegen den Uhrzeigersinn ausgeführt.

Die verschiedenen Techniken der Massage

AN = Drücken

Dabei wird ein Akupunkturpunkt oder eine Fläche mit Daumen, Mittelfinger, Fingerknöchel, mit einer oder beiden Handflächen oder dem Ellbogen immer senkrecht gedrückt. Dabei wird entweder langsam ein immer stärker werdender Druck aufgebaut und nur kurz gehalten oder ein rhythmischer, mittlerer Druck ausgeübt.

Wirkung: schmerzlindernd

Schnelles Eindrücken mit der Handfläche (immer senkrecht), wird meist bei schmerzhaften Blockaden angewendet. Dabei fährt man mit der Hand leicht über den betroffenen Bereich, am Rücken beidhändig. So werden die Durchblutung angeregt und die Gelenke korrigiert.

An Knie und Ellbogen wird dies auch mit dem Daumen ausgeführt. Dabei wird das Gelenk mit einer Hand festgehalten und mit dem Daumen der betroffene Bereich nach unten eingedrückt, die andere Hand beugt das Gelenk leicht ziehend.

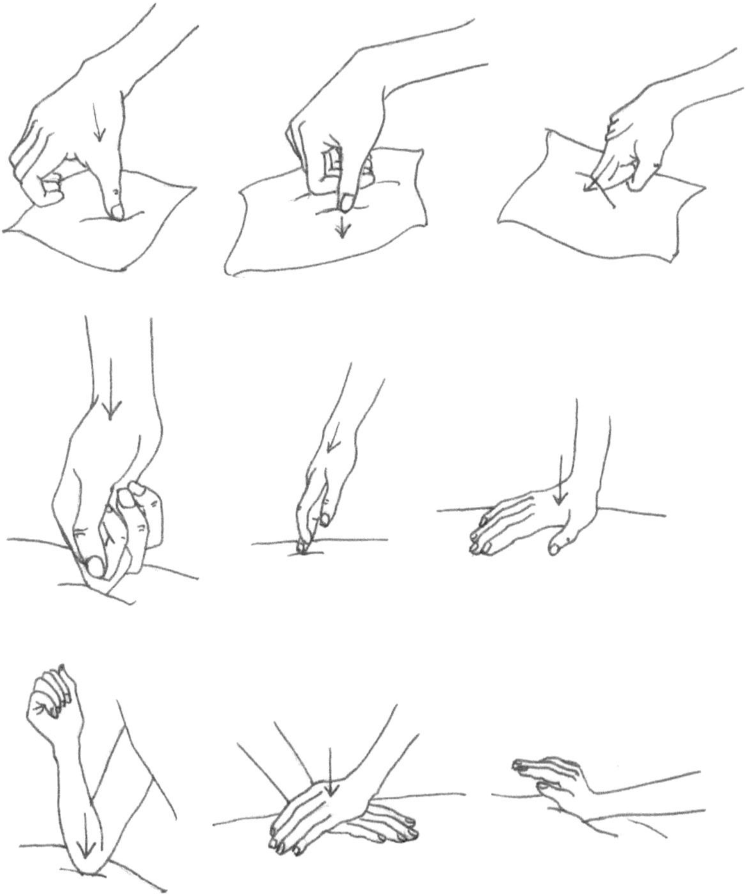

ROU = kreisendes Drücken

Siehe AN: mit gleichmäßigem Druck werden kreisende und knetende Bewegungen erst im, später gegen den Uhrzeigersinn ausgeübt.

Wirkung: schmerzlindernd, verdauungsanregend, abschwellend

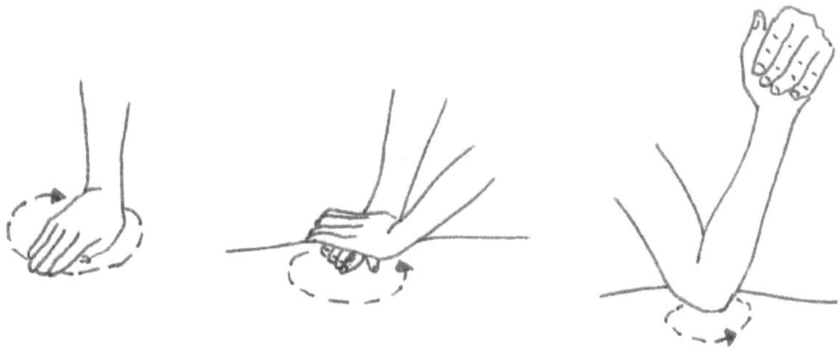

TUI = Schieben

Je nach Größe der zu behandelnden Fläche wählen Sie Fingerspitzen, Daumen, Faust, Ellbogen, eine oder beide Handflächen und schieben mit mäßigem Druck in eine Richtung, gleiten zurück und schieben wieder in die gleiche Richtung.

Schieben mit der Handkante oder dem Handballen hilft bei Verspannungen im Rücken.

Wirkung: krampflösend, schmerzlindernd, kreislauffördernd, anregend, entspannt Muskeln und Sehnen

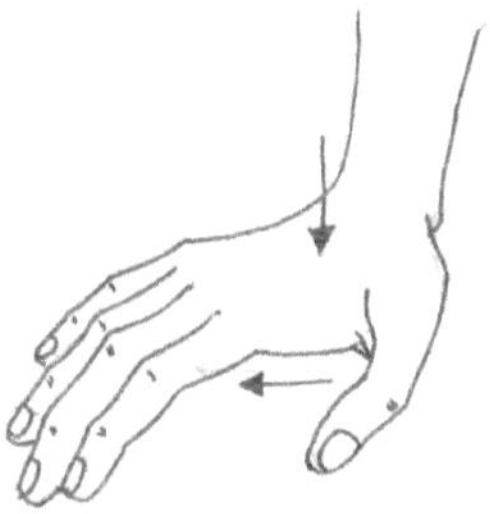

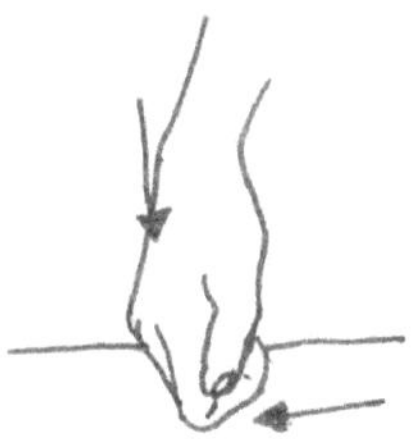

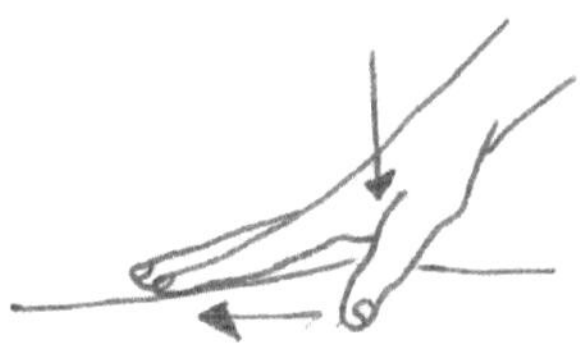

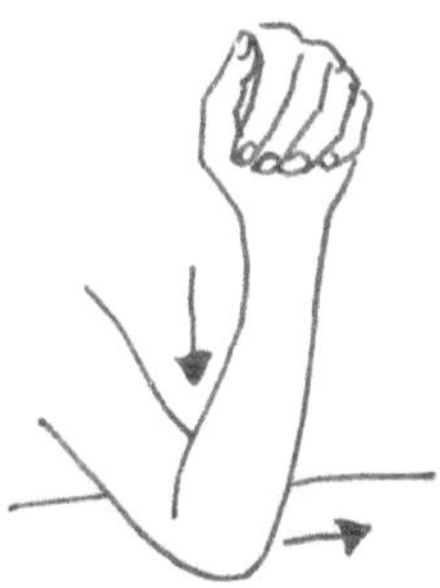

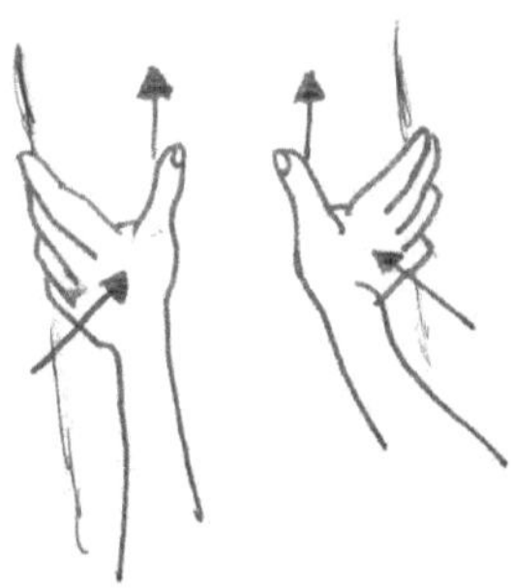

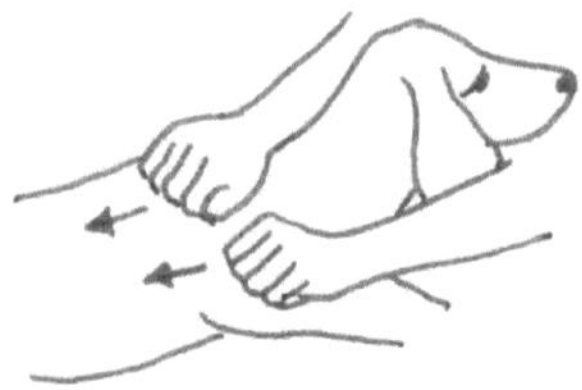

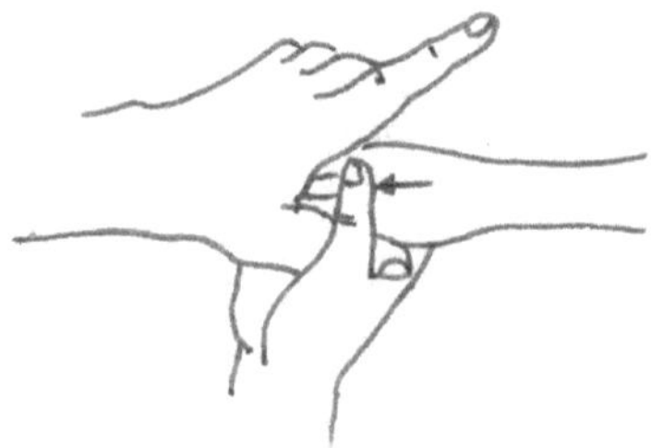

MO = Reiben

Kreisförmiges, Reiben oder Streichen mit Handballen, Finger oder Daumen, z.B. am Rücken, Nacken, Unterleib zur Lockerung der Muskulatur. Hunde empfinden das Streichen als sehr angenehm und entspannend.

Beidhändiges leichtes Hin- und Herreiben entspannt und wirkt beruhigend. Meist wird es an den Gliedmaßen oder am Rücken angewendet.

Am Kopf wird diese Technik mit Daumen und Zeigefinger durchgeführt.

Wirkung: schmerzlindernd, abschwellend, stärkend (innere Organe wie z.B. Magen, Milz, Leber usw.)

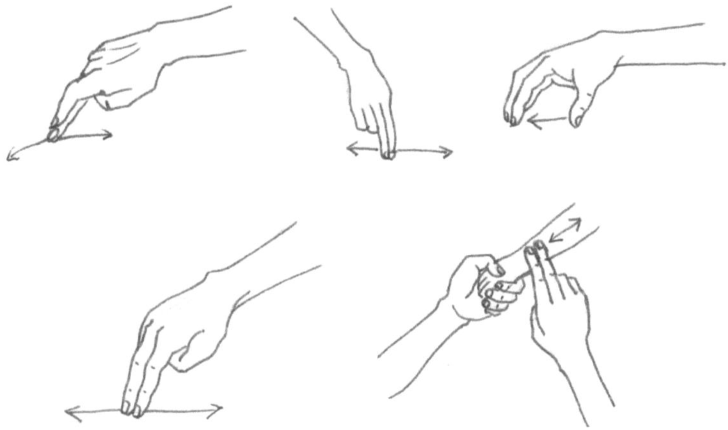

Beim **starken Reiben** werden die betroffenen Gliedmaßen zwischen beide Handflächen genommen und die Hände mit Druck entgegengesetzt bewegt. Meist wird diese Technik am Ende einer kräftigeren Massage angewendet.

MO = Wischen

Trotz der gleichen Bezeichnung ist es eine andere Technik. Hier werden beide Hände oder Daumen von einem Punkt aus langsam und gleichmäßig mit leichtem Druck nach außen geschoben.

Wirkung: beruhigend; kräftigt die Haut

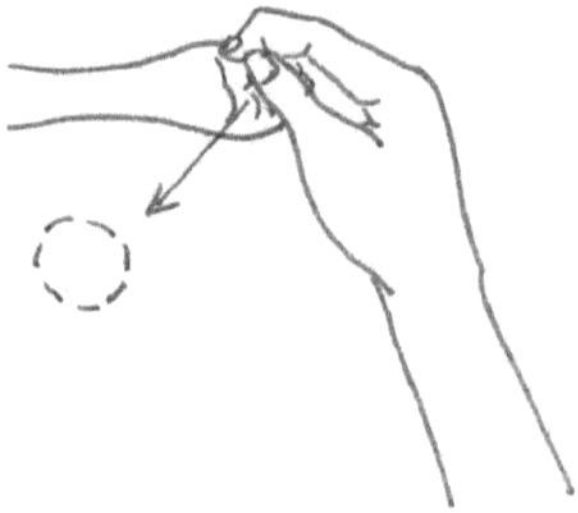

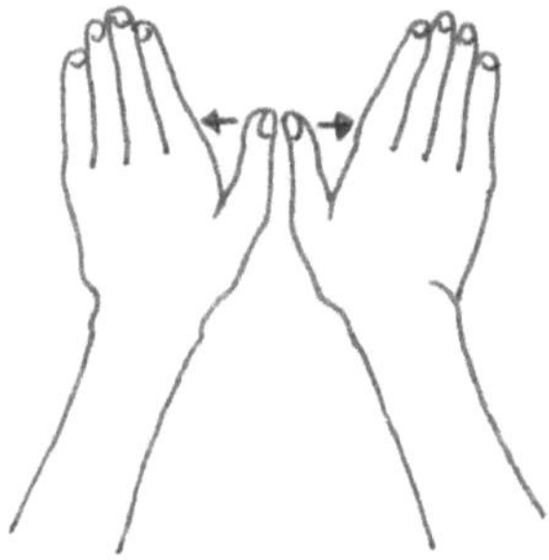

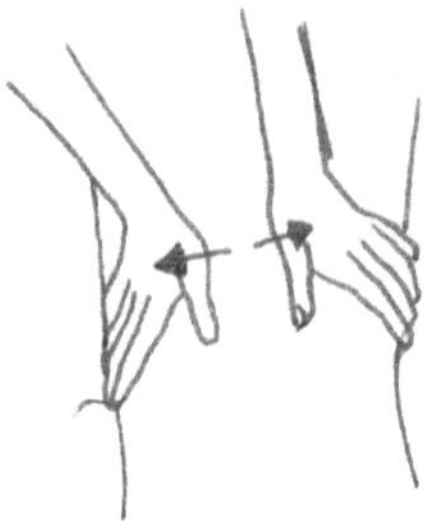

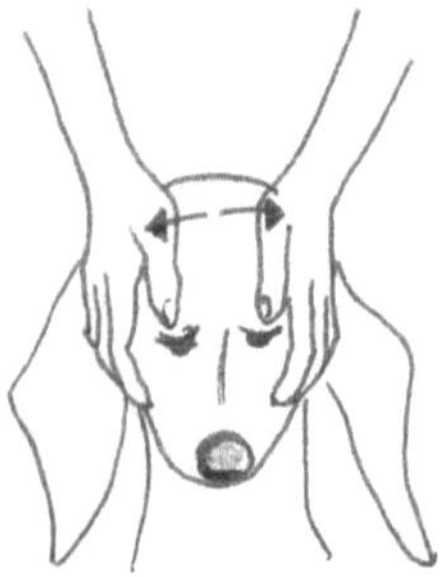

QIA = Zwicken

Der entsprechende Akupunkturpunkt wird mit Daumen, Zeige- und Mittelfinger (nicht mit den Fingernägeln!) mit festem Druck gezwickt. Das kann weh tun. Achten Sie darauf, dass die Schmerzschwelle nicht überschritten wird. Hunde können dabei zuschnappen!

Wirkung: abschwellend, stimuliert die Akupunkturpunkte

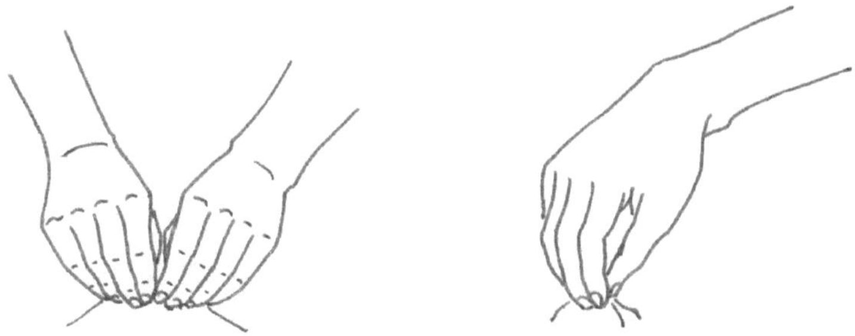

NA = Kneifen

Daumen, Zeige- und Mittelfinger oder Daumen und vier Finger bilden eine „Zange". Damit werden ein bestimmter Akupunkturpunkt, Muskeln oder Sehnen mit leichtem Druck gekniffen und wieder losgelassen. Kneifen wirkt stark reizend und durchblutungsfördernd und kann schmerzhaft sein. Deshalb sollten Sie diese Technik bei kleinen, empfindlichen Tieren nur sehr vorsichtig oder gar nicht anwenden.

Wirkung: krampflösend und anregend; kann bei oberflächlichen Verletzungen der Weichteile erfolgreich angewendet werden. Im Bereich der Wirbelsäule wird es bei Zerrungen und Krämpfen der Muskulatur eingesetzt. Es stärkt die Abwehrkräfte des Körpers.

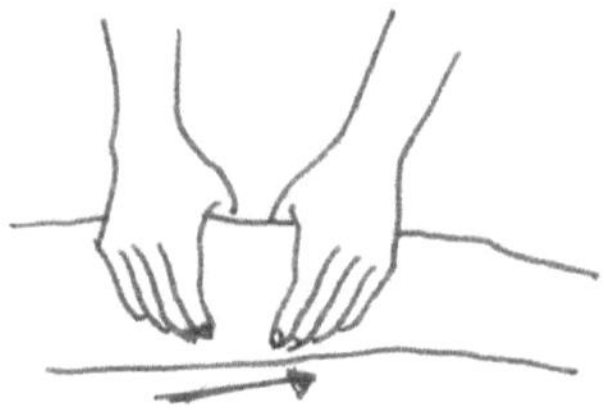

GUN = Rollen

Die leicht gekrümmte, auf den Muskel aufgelegte Handkante wird mit leichtem bis mittlerem Druck hin und her gerollt.

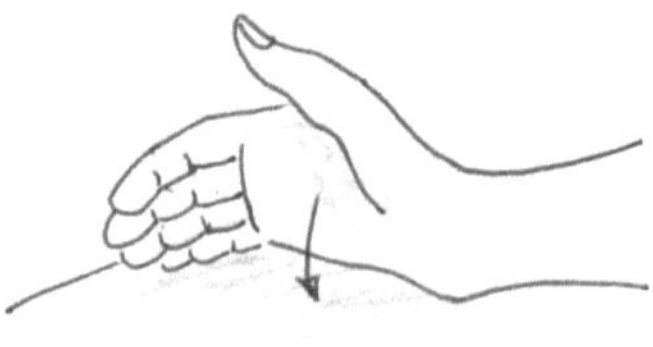

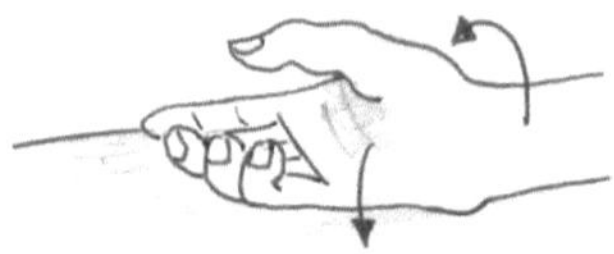

Wirkung: Anregung der Durchblutung, hilft bei Verspannungen und Schmerzen in Muskeln und Sehnen; stärkt die Knochen.

PAI = Klopfen

Klopfen mit den Fingerkuppen, der Handfläche oder dem Handrücken wird meist am Ende einer Behandlung durchgeführt.

Wirkung: hilfreich bei Muskelverspannungen und Gliederschmerzen

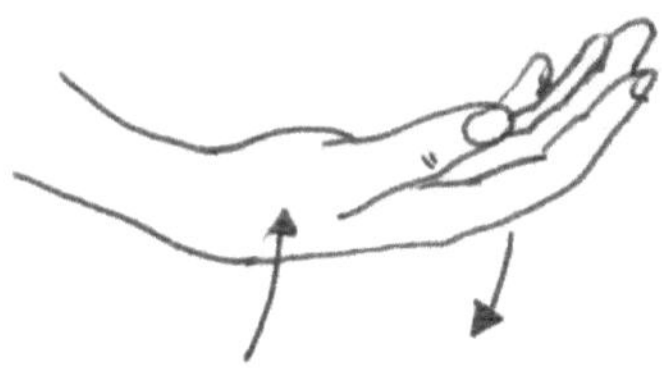

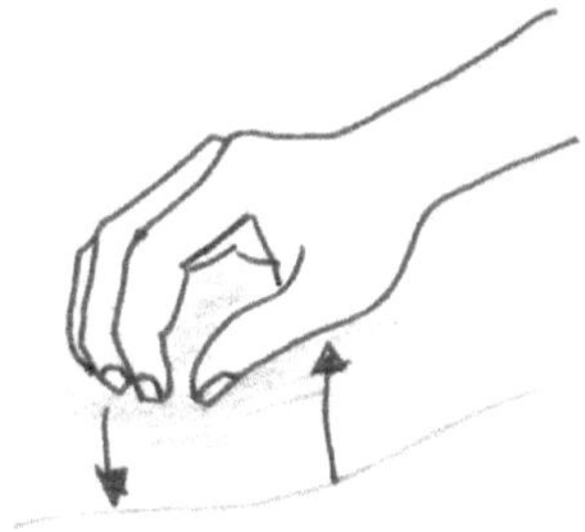

Schlagen

Es gibt hier verschiedene Möglichkeiten:

1. Schlagen mit der hohlen Faust
2. Schlagen mit der gekrümmten Handfläche
3. Schlagen mit der Handwurzel
4. Schlagen mit dem Handrücken
5. Schlagen mit der Handkante (gespreizte Finger)

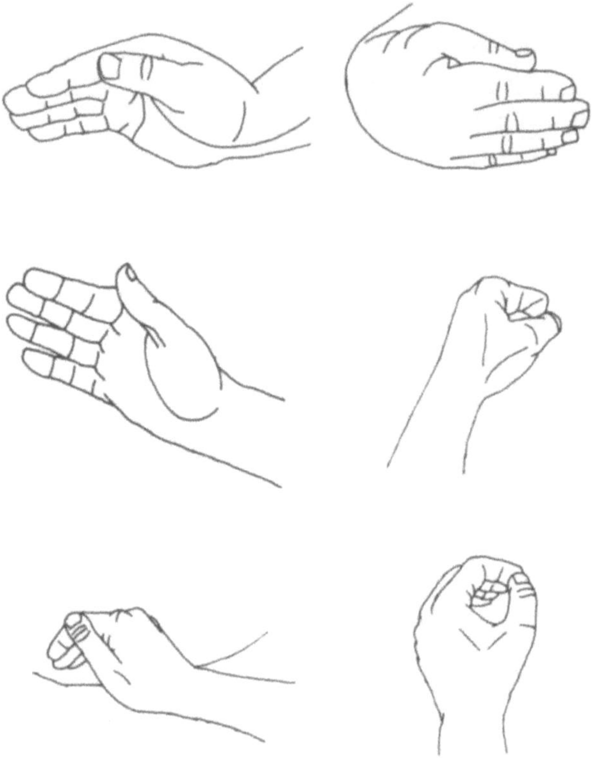

Wirkung: lindert Muskelschmerzen und -krämpfe, hilft bei Erschöpfung und wirkt anregend.

KOU = Trommeln

Mit Fingerspitzen oder leichter Faust wird am Rücken, an der Schulter oder an den Gliedmaßen entspannt aus dem Handgelenk „getrommelt“.

Wirkung: gut zur Muskelentspannung

Intervall-Trommeln: Bei Quetschungen oder Prellungen des Brustkorbs liegt eine Hand flach auf der verletzten Stelle, mit der anderen Hand bildet man eine hohle Faust und schlägt leicht auf den Handrücken.

CUO = Zwirbeln

Die entsprechende Gliedmaße wird zwischen beide Handflächen genommen und gleichmäßig erst langsam, dann etwas schneller und als Abschluss wieder langsamer hin und her gerieben.

Wirkung: gut für Muskeln und Gelenke

BASHEN = Extension

Strecken und Beugen der Gelenke unterstützen das Beweglichmachen der Gelenke und die Bildung von Gelenkflüssigkeit. Dies geschieht vorsichtig und ohne Kraftanwendung. Dabei unterstützt die rechte Hand das Gelenk, die linke bewegt die Gliedmaße.

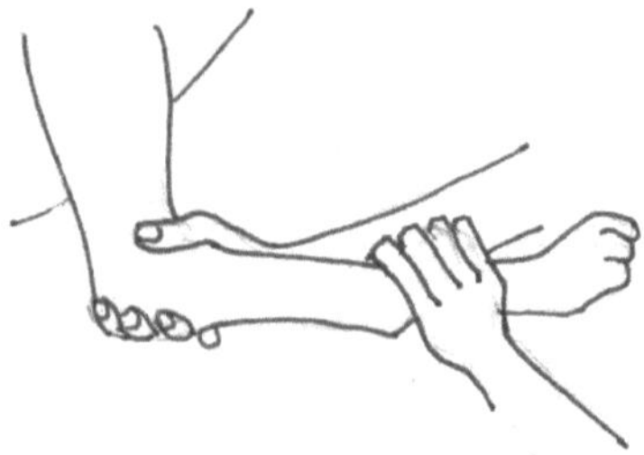

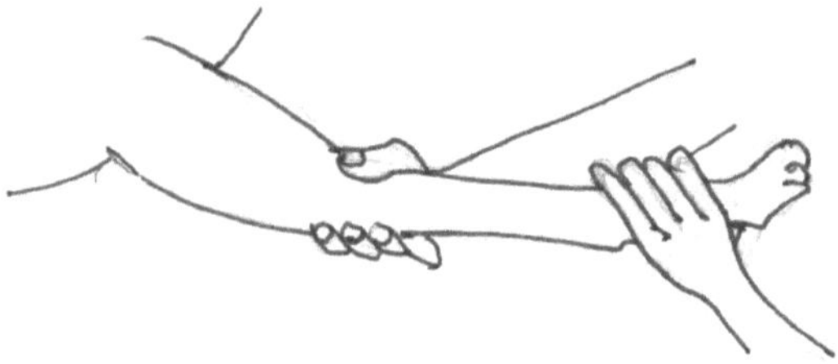

Wiegen um die Längsachse des Gelenks vermindert eine Gelenkversteifung. Die Bewegung wird nach und nach vorsichtig ausgedehnt.

GUA SHA= Schaben

Diese Form der Massage stammt aus der TCM und beruht auf dem Prinzip, dass das Körperinnere mit dem Körperäußeren (Yin und Yang) verbunden ist. Krank machende Faktoren sollen so abgeleitet werden.

Sie eignet sich, wenn überhaupt, für kurzhaarige Hunde. Dabei wird die angefeuchtete oder eingeölte Haut mit speziellen Schabern oder einem Kuhhorn gereizt. Sie können aber auch einen chinesischen Suppenlöffel aus Porzellan oder den Deckel eines Marmeladenglases o.ä. verwenden.

Gua Sha Schaber
www.dmc-natur.de

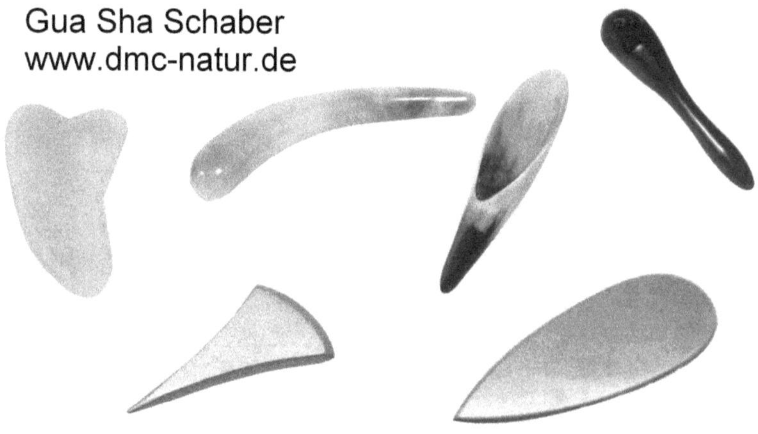

Man fährt mehrfach paravertebral (seitlich der Wirbelsäule) den Blasenmeridian entlang vom Kopf zum Steiß, entlang der Meridiane, der Head'schen Zonen oder in den betroffenen Bereichen (Muskeln) über die Haut bis zur Erwärmung oder noch besser, bis die Haut kleine oder größere fleckenförmige Rötungen zeigt. Dann stoppt man die Manipulation. Es können Hämatome auftreten, die nach einigen Tagen verschwinden (erwünscht: Ausleitung von „Giftstoffen" oder krankmachenden Faktoren!).

Wirkung: die Durchblutung wird gefördert, der Stoffwechsel angeregt, die Verspannungen gelöst und über die geöffneten Hautporen wird Bindegewebe entgiftet.

Es wird bei fieberhaften Erkrankungen, bei Schmerzen und Verspannungen am Bewegungsapparat eingesetzt, erreicht aber über die entsprechenden Reflexzonen auch die inneren Organe.

GAO MO

Bereits um 160 v. Chr. wird das Einmassieren von verschiedenen Salben beschrieben.

Behandlungsvorschläge

Die Massage der Gliedmaßen

für das Wohlbefinden, zur Anregung der Durchblutung der Gliedmaßen, zur Schmerzlinderung

1. Nehmen Sie die linke Vordergliedmaße zwischen beide Hände und reiben ohne abzusetzen von der Handwurzel bis zum Oberarm und wieder zurück, je 20 x. Machen Sie das selbe 20 x an der rechten Vordergliedmaße.
2. Nehmen Sie nun erst das linke, dann das rechte Hinterbein zwischen beide Hände und reiben je 20 x vom Sprunggelenk bis zum Oberschenkel und zurück.
3. Drücken Sie nun gleichzeitig 30 x an beiden Oberschenkeln die Punkte am Gallenblasen Meridian.
4. Kneifen Sie erst den linken, dann den rechten Unterschenkel je 20 x.
5. Zwirbeln Sie nun erst den linken, dann den rechten Unterschenkel je 20 x.
6. Beklopfen Sie Kreuz, Lenden und die hinteren Gliedmaßen mit der Handfläche (kleine Hunde mit den Fingerspitzen)
7. Massieren Sie die Ohren.
8. Beenden Sie die Massage mit Streichungen.

Die Massage bei Rückenschmerzen

Die Massage des Rückens, besonders im Bereich der Lendenwirbelsäule, ist nicht nur sehr wirkungsvoll bei Beschwerden des Rückens und bei Schmerzen der hinteren Gliedmaßen. Sie dient auch der Vorbeugung gegen die gefürchtete „Dackellähme“, eines Bandscheibenvorfalls. Allerdings sollten Sie eine Massage im kaudalen (hinteren) Wirbelsäulenbereich während der Trächtigkeit nur in Absprache mit dem Tierarzt oder Tierheilpraktiker durchführen oder ganz darauf verzichten.

1. Reiben Sie mit beiden Händen ohne abzusetzen vom Nacken zur Lende den Blasen-Meridian entlang und zurück, je 20 x.

2. Reiben Sie mit beiden Händen entgegengesetzt quer zur Wirbelsäule vom Nacken zur Lende, je 20 x.

3. Rollen Sie entlang der Wirbelsäule auf beiden Seiten, je 20 x.

4. Drücken Sie mit beiden Händen die Wirbelsäule von der Lende bis zum Nacken je 30 x, suchen Sie die lokalen AhShi-Punkte und drücken Sie sie ebenfalls je 30 x.

5. Klopfen, schlagen und trommeln Sie entlang der Wirbelsäule beidseitig je 20 x.

6. Zupfen und kneifen Sie von der Lende zum Nacken die Muskeln auf beiden Seiten der Wirbelsäule und heben Sie sie etwas an, beidseitig je 20 x.

7. Streichen Sie den Rücken beidhändig je 20 x.

8. Legen Sie ein wärmendes Tuch über den Rücken oder bestrahlen Sie mit einer Wärmelampe.

9. Massieren Sie nun die Hinterbeine wie beschrieben (siehe: Massage der Gliedmaßen ab Punkt 2).

10. Pressen Sie entlang des Blasen-Meridians die Akupunktur-Punkte je 20 x.

11. Massieren Sie beide Ohren.

12. Beenden Sie die Massage mit Streichungen.

Die Massage bei Hüftbeschwerden

1. Streichen und rollen Sie entlang der Wirbelsäule je 20 x.

2. Streichen und rollen Sie die Hüften beidseitig je 20 x.

3. Suchen Sie die AhShi-Punkte und Ga 30, drücken sie gleichzeitig je 30 x.

4. Reiben Sie den Magen-, Gallenblasen- und Blasen-Meridian entlang der Hinterbeine je 20x.

5. Kneifen und Zupfen sie entlang dieser Meridiane je 20 x.

6. Zwirbeln Sie erst den linken, dann den rechten Unterschenkel je 20 x.

7. Massieren Sie beide Ohren.

8. Geben Sie eine wärmende Decke über den Hund und lassen ihn ruhen.

Die Massage bei Husten und Bronchitis

1. Lassen Sie den Hund auf dem Rücken liegen und streichen und reiben das Konzeptionsgefäß je 20 x.

2. Klopfen und trommeln Sie den Brustkorb je 20x.

3. Streichen und reiben Sie das Konzeptionsgefäß je 20 x.

4. Lassen Sie den Hund aufstehen. reiben Sie den Blasen-Meridian am Rücken je 20 x.

5. Drücken, kneifen und zwicken Sie die Shu-Punkte Lunge, Dickdarm und Kreislauf an der Brustwirbelsäule je 30 x.
   Achtung! Das könnte für den Hund schmerzhaft sein und er könnte zuschnappen!

6. Schlagen und trommeln Sie den Brustkorb.

7. Verteilen Sie mit beiden Händen das Gewebe.

8. Rollen und streichen Sie den Brustkorb.

9. Massieren Sie beide Ohren.

10. Decken Sie den Hund warm zu und lassen ihn ausruhen.

Die Massage bei Verdauungsbeschwerden

1. Lassen Sie den Hund auf dem Rücken liegen und kreisen mit der Handfläche um den Bauchnabel. Dabei ist wichtig: bei Verstopfung, Erbrechen und Übelkeit ist die Bewegung im, bei Durchfallerkrankungen gegen den Uhrzeigersinn 50 x.
2. Reiben Sie das Konzeptionsgefäß 20 x.
3. Drücken Sie die Punkte entlang des Konzeptionsgefäßes je 20 x.
4. Streichen Sie den Bauch gleichzeitig mit beiden Händen von der Mitte seitlich aus, 50 x.
5. Legen Sie den Hund erst auf die linke, dann auf die rechte Seite, streichen und reiben den Magen-Meridian bis zu den Zehen je 20 x.
6. Kneifen und drücken Sie Punkte entlang des Magen-Meridians je 20 x.
7. Der Hund steht: streichen, reiben und rollen Sie entlang des Lenkergefäßes und des Blasen-Meridians.
8. Drücken und kneifen Sie die Punkte des Blasen-Meridians am Rücken je 30 x.
9. Massieren Sie beide Ohren.
10. Decken Sie den Hund warm zu und lassen ihn ruhen.